攀枝花市中棵烤烟栽培技术图册

吕婉茹　杨　鹏　主　编
封　俊　唐力为　副主编

科 学 出 版 社
北　京

内 容 简 介

栽培中棵烟是现在烟草生产栽培的趋势，本书立足攀枝花烟区，针对烟叶产量、质量和效益三方面的矛盾，在烟草栽培上进行了相关研究，总结出一套解决矛盾的生产技术。本书图文并茂，语言浅显易懂，内容包含山地中棵烤烟的主要生产指标、栽培技术、采收管理、科学调制技术及烟叶分级与储存保管等，通过本书的学习有助于种植出优质的中棵烤烟服务于工业，对协调工业、商业和烟农三方的利益起到促进作用。

本书可供种植烟草的烟农朋友学习参考，同时也可供从事烟草科研、教学、生产和加工领域的技术及管理人员阅读。

图书在版编目(CIP)数据

攀枝花市中棵烤烟栽培技术图册 / 吕婉茹，杨鹏主编.— 北京：科学出版社，2017.8

ISBN 978-7-03-053478-1

Ⅰ.①攀… Ⅱ.①吕… ②杨… Ⅲ.①烟草-栽培-攀枝花市-图解 Ⅳ.①S572-64

中国版本图书馆 CIP 数据核字（2017）第 135053 号

责任编辑：韩卫军 / 责任校对：唐静仪
责任印制：罗 科 / 封面设计：墨创文化

科学出版社 出版
北京东黄城根北街16号
邮政编码：100717
http://www.sciencep.com

四川煤田地质制图印刷厂印刷
科学出版社发行 各地新华书店经销
*
2017年8月第 一 版 开本：B5（720×1000）
2017年8月第一次印刷 印张：6
字数：120 千字

定价：102.00 元
（如有印装质量问题，我社负责调换）

本书编委会

顾　问

蒲文宣（湖南中烟工业有限责任公司）　余　伟（四川省烟草公司攀枝花市公司）
邹菊秋（湖南中烟工业有限责任公司）　胡建新（四川省烟草公司攀枝花市公司）

主　编

吕婉茹（攀枝花市农林科学研究院）　杨　鹏（四川省烟草公司攀枝花市公司）

副主编

封　俊（四川省烟草公司攀枝花市公司）　唐力为（攀枝花市农林科学研究院）

编写人员（按姓氏笔画排序）

成志军（湖南中烟工业有限责任公司）　吕婉茹（攀枝花市农林科学研究院）
向裕华（攀枝花市农林科学研究院）　刘学东（四川省烟草公司攀枝花市公司）
孙　强（攀枝花市农林科学研究院）　阳清元（湖南中烟工业有限责任公司）
杨　鹏（四川省烟草公司攀枝花市公司）　李再胜（攀枝花市农林科学研究院）
吴先华（四川省烟草公司攀枝花市公司盐边分公司）
易　克（湖南中烟工业有限责任公司）　补雪梅（攀枝花市农林科学研究院）
张　伟（四川省烟草公司攀枝花市公司米易分公司）
张映杰（四川省烟草公司攀枝花市公司米易分公司）
罗桂仙（攀枝花市农林科学研究院）　绍高明（四川省烟草公司攀枝花市公司）
封　俊（四川省烟草公司攀枝花市公司）　贾志红（湖南中烟工业有限责任公司）
唐力为（攀枝花市农林科学研究院）　唐李丽（四川省烟草公司攀枝花市公司）
常宁涛（四川省烟草公司攀枝花市公司仁和分公司）
曾宗梁（四川省烟草公司攀枝花市公司米易分公司）
熊维亮（四川省烟草公司攀枝花市公司）

审　稿

汪耀富（湖南中烟工业有限责任公司）　魏海飚（湖南中烟工业有限责任公司）
罗桂仙（攀枝花市农林科学研究院）

前　　言

随着农业栽培技术的发展，烤烟的栽培技术也在不断提升。但部分植烟地区只注重烟叶栽培产量的提升，而忽略了质量的兼顾，造成烟株个体发育过度，烟叶营养不协调，质量下降，烟叶的配伍性跟不上企业对原料的要求。烟叶质量和单产之间存在一定的矛盾，过高的单产会导致烟叶品质的降低，过低的单产又会影响烟农利益，如何协调这些矛盾？

攀枝花市烤烟科研团队针对烟叶产量、质量和效益三方面的矛盾，结合湖南中烟工业有限责任公司提出的推广中棵烤烟的要求，根据攀枝花的气候特点和土壤条件，对攀枝花中棵烤烟栽培技术进行了研究，并结合其他研究成果，总结出相应的攀枝花优质中棵烤烟栽培技术。本书图文并茂，语言浅显易懂，希望能指导更多的烟农朋友种植出优质的中棵烤烟服务于工业，将对协调工业、商业和烟农三方的利益起到较好的作用。

本书对中棵烤烟的参数指标的制定立足于攀枝花烟区山地烟，其他植烟区可用作参考。

由于编者水平有限，掌握资料不够全面，有遗漏在所难免，恳请读者批评指正。

目　　录

第一章 中棵烤烟的主要生产指标

何为中棵烤烟?云南省著名的烟草研究专家张崇范最早提出:所谓中棵烤烟,就是通过栽培技术措施,使烟株生长中等(株高、叶片),烟叶产量适中,田间烟叶耐熟,烤房烟叶耐烤,烤后烟叶高等级烟叶多,烟叶产量和品质都有保证。中棵烟的田间长相是:烟株生长整齐一致,营养均衡,成腰鼓型或圆筒形。

为什么要种中棵烤烟?回顾烤烟栽培的历程,以前生产上出现的问题是烟株营养不良、发育不全、成熟不够、调制不当,通过多年栽培技术的提升,当下很多植烟区又出现了烟株个体发育过度、成熟采收不当、调制后熟不够、标准引导不力等新问题。烟农注重产量,不注重质量,初烤烟叶长、厚、僵,油分少,加之收购引导不力,烟叶质量整体下降,工业公司收购的烟叶中不适用烟叶比例增高,造成材料和资本的浪费。烤烟栽培只有在质量和效益之间找到平衡点,烟农栽培出工业需要的烟叶,满足工业的需求,同时保持烟叶的地区风格特色,地方烤烟产业才能可持续发展,烟农的效益才能提高。通过研究人员多年的栽培试验研究证明,通过调节烤烟的施氮量,合理控制烟株的个体发育,适当增加烟株的群体密度,栽培中等发育水平的烟叶,既能提升烟叶的内在质量,又能平衡烟叶的产量,同时还能保证烟农的效益,是一种调节质量、产量和效益之间矛盾的有效途径。因此,栽培中棵烤烟是现在生产栽培的趋势。

攀枝花市烤烟科研团队通过多年来的田间试验和生产实践,对主栽品种云烟85和云烟87形成了其特有的优质中棵烤烟的植株形态指标和质量指标。只有掌握了中棵烤烟的各项指标,才能进行有目标的栽培。

第一节 个体发育指标

打顶后的定型株型为圆筒形,打顶后株高100~120厘米,单株有效留叶数为18~22片。叶片大小:下部叶长55~65厘米,宽25~30厘米;中部叶长60~70厘米,宽20~30厘米;上二棚叶长55~70厘米,宽15~25厘米;顶部叶长50~55厘米,宽15~20厘米。单叶重:下部烟叶重5~7克,中部烟叶重7~9克,上部烟叶重9~11克(图1-1)。

图 1-1 攀枝花山地中棵烤烟个体发育——打顶期烟株长相

第二节 群体结构指标

种植密度为 1200 株/亩(1 亩≈666.7 平方米)，每亩有效叶片数为 22000～24000 片；圆顶后行间叶尖距离为 10～20 厘米，田间最大叶面积系数为 3.2～3.6。烟株营养均衡，发育良好，整齐一致，叶色正常，能分层落黄成熟，无缺素症状或营养失调症状(图 1-2)。

图 1-2 山地中棵烤烟群体结构——打顶期田间长相

第三节　烟叶质量指标

外观质量：烤后烟叶成熟度好，颜色以橘黄为主，烟叶厚薄适中，组织结构疏松，叶片柔软、弹性好、油分足、光泽强。

内在质量：总糖为25%～30%，还原糖为20%～25%，总氮为1.5%～2.5%。烟碱：下部叶为1.5%～2.0%，中部叶为2.0%～2.8%，上部叶为3.0%～3.8%；淀粉含量≤4.5%，氧化钾含量≥2.4%，还原糖与烟碱的比值为6～10。

感官质量：清香型，香气甜润而清香，香气质好，香气量足，劲头适中，杂气少，余味舒适，刺激性小，燃烧性好。

烟叶质量指标示例如图1-3和图1-4所示。

图1-3　下炕初烤烟外观整体质量表现

图1-4　分级后的X2F、C3F、B2F烟叶外观质量表现

第二章　中棵烤烟种植土壤改良与轮作

生产上，土壤改良主要包括调节土壤 pH、改善土壤团粒结构、改良土壤通气状况和提高土壤有机质含量等。

植烟土壤的适宜 pH 为 5.5～6.5，当土壤 pH 较低、酸性较强时，可通过施用石灰提高土壤的 pH，以适合烟草生长发育及提高烟叶的产量和质量。石灰用量为 120 千克/亩，施用石灰的方法是在烟苗移栽前，按每株用量将石灰施在定植穴中，并与定植穴中的土壤混匀。

在 pH 高的石灰性土壤上，投入石膏和硫磺能调节土壤 pH，据研究，碱性土壤按照 0.1～0.3 千克/平方米施用硫磺，土壤 pH 降幅达 0.3 个单位以上。

质地偏黏的土壤可在烟苗移栽前，每穴施用垃圾土或火烧土等疏松物 1～2 千克，并与定植穴土壤混匀。

有条件地区可以进行轮作，绿肥还田，选择较好的养地作物作为烤烟前作，改良土壤(图 2-1～图 2-6)。

我国大部分土壤的有机质含量偏低，可通过增施有机肥、秸秆还田、轮作(包括烤烟与绿肥的轮作)和休闲等措施增加土壤有机质含量。

图 2-1　有水源地区可种植油菜作为烤烟前作

图 2-2　土壤肥力高的可种植豌豆作为烤烟前作

图 2-3　缺水地区可种植耐干旱贫瘠的大麦作为烤烟前作

图 2-4　缺水地区也可种植抗旱的小麦品种作为烤烟前作

图 2-5 有养殖需求并有水源的地区可种植黑麦草作为烤烟前作

图 2-6 黑麦草还田改良土壤(注意栽烟时肥料要适当减量)

第三章　培育中棵烤烟壮苗

培育壮苗是烤烟栽培的基础。生产上主要采用的育苗方式是漂浮育苗法，将烟草种子播种在育苗盘的基质中，置于营养液上进行育苗。它摆脱了大田土壤条件限制，采用泥炭或草炭，配以一定比例的蛭石和膨化珍珠岩，以格盘（由若干苗穴组成的育苗盘）为设施进行育苗（称为格盘育苗）。这种方法适应性广，可操作性强，具有常规育苗不可比的优越性。

第一节　漂浮育苗的成苗标准

成苗标准：苗龄为 60～65 天，真叶为 9～10 片，茎高 8～16 厘米，茎直径>5 毫米，茎秆含水量低，韧性强，根系发达，须根多而白，无明显主根，无病毒、病菌侵染，群体清秀，整齐一致（图 3-1）。

图 3-1　标准壮苗

第二节 漂浮育苗技术

一、苗床地选择

选择避风向阳、地势平坦、靠近水源、水质清洁、交通方便、地块较大、远离农户，且未种过烤烟、蔬菜和其他茄科作物的土地作为苗床地(图 3-2)。

图 3-2 育苗棚

二、营养池和塑料温棚的建造

营养池建成槽状，宽 1.1 米，深 0.10～0.12 米，长 10.5 米，可放置 72 个育苗盘(一个标准厢)。根据地块和实际需要，营养池的长度也可灵活确定。营养池四周由土壁或砖块固定，槽内铺垫黑色地膜作为育苗营养池。营养池的池底必须制作水平，以保证池内营养液的深度均匀一致。

塑料温棚制作成小拱棚，用竹片拱成弓形。棚架高 0.8 米，宽 1.2 米，长度依营养池的长度而定，用厚 0.1～0.15 毫米的无色塑料膜作为盖膜，棚架两端的盖膜收作马尾状固定。

三、育苗材料

育苗基质：颗粒直径为 2～8 毫米，孔隙度为 60%～70%，容重为 0.15～0.25 克/立方厘米(图 3-3)。

图 3-3　育苗专用基质，由烟草公司统一采购

育苗盘(漂浮盘)规格：长×宽×高为 68 厘米×34 厘米×6 厘米，每盘 160 孔(图 3-4)。

图 3-4　160 孔育苗盘

专用肥：使用烟草公司规定的漂浮育苗专用肥。

池膜：选用黑色塑料薄膜，厚度为(0.1±0.02)毫米。

水质水量：配制营养液的水必须清洁，无污染，可用pH为5.5～6.5的饮用水、井水、流动河水等，不得使用坑塘水。育苗盘未放入营养池内时，加放池内的水的深度要达到5厘米。

种子：由当地烟草公司统一供种。

四、营养液配制

用育苗专用肥一小袋(50克)，加水70千克，在桶内先让肥料充分溶解后，再均匀倒入营养池的水中。每袋专用肥可供10盘160孔的育苗盘的营养需要。

五、基质装盘和播种

育苗基质和种子质量决定出苗率及整齐度，所以要及早购进基质和种子，早做试验，以便对基质装盘松紧提供指导，了解种子的发芽率和发芽势，对播种粒数提供指导。

(一)基质装盘

装盘时，先洒水使基质均匀湿润，保证基质手捏成团，放手即呈松散的状态。用配好的基质填装满苗穴，但不能过满过实，保持松紧适度即可。

(二)播种

(1)播种期。育苗时段主要以当地最佳移栽期向前推算60～65天为宜，温度低、种子发芽慢的地区可提前10～15天播种，要注意考虑育苗点地方小气候的影响，尽量避开小气候对育苗的不良影响。播种可采用人工播种(图3-5)或机器播种(图3-6)。

(2)播种技术。每穴播包衣种1～2粒，再轻盖1～2毫米厚的基质，用喷雾器喷水浇至包衣剂完全裂解后，将育苗盘移至配制好营养液的营养池中进行培养(图3-7)。

图 3-5　人工播种

图 3-6　机器播种

图 3-7　在配好营养液的池中摆放好育苗盘

(三)苗床管理

1. 温湿度管理

育苗前应尽可能保持育苗盘盘面温度为 20～25℃，若天气温度过低，可在小拱棚上加盖草帘或麻片，或在育苗盘上方再盖一层薄膜保温。出苗以后，气温升

图 3-8　播种摆放好后的苗床

高，在十字期仍以保温为主，在晴天中午气温升高时，要通风降温，同时也需要注意防止降温过度(低于 20℃)。从十字期到成苗期，温度管理以避免极端高温为主，要特别注意通风，棚内温度最高不能超过 35℃，相对湿度不大于 90%，防止病害和烧苗。成苗期可将四周的棚膜卷起，加大通风量，使烟苗适应外界的温湿度条件。图 3-8 为播种摆放好后的苗床，棚内要悬挂空气温湿度测定计及黄板，随时观测棚内温湿度。

2. 水分添加

育苗各时期要观察池中水位情况，因蒸发或营养液渗漏而低于固定水位线(5 厘米深)时，需添加清洁水至固定水位，保持营养液的浓度不会过高。

3. 间苗、补苗和定苗

出苗后，若发现由于基质太湿黏而影响出苗的整齐度，可采用间歇晾盘的方法提高出苗的整齐度。在大十字期间，间去苗穴内多余的烟苗，同时对空穴补苗，保证每穴一株，不缺苗(图 3-9～图 3-11)。

图 3-9　10～15 天种子出苗

图 3-10　采用间歇晾盘提高种子出苗整齐度

图 3-11　大十字期间苗及补苗

4. 苗床追肥

在出苗后 20 天左右追肥一次，氮素浓度以 100 毫克/千克为宜。具体为一个标准厢加 6 小袋(共 300 克)育苗专用肥，将肥料充分溶化后分多个点加入营养池，并搅拌均匀，最后加水至苗床固定 5 厘米深水位(图 3-12)。

图 3-12　视烟苗长势、叶色等施用育苗肥

5. 剪叶

烟苗在五叶一心时，开始剪叶。每次剪叶面积一般不超过单叶面积的50%，先轻后重，要注意不要剪伤烟苗的生长点。剪叶时间最好在上午进行。一般每隔10～15天剪一次，至成苗时剪1～3次。剪下的烟叶残留物应及时清理干净，不应留在育苗盘上。剪叶时要注意剪叶工具消毒，操作卫生，防止病菌传染（图3-13～图3-16）。使用简易机器剪叶的优点是工作效率较高，使用传统钢丝弹叶剪叶器的优点是破碎的叶片不会落在烟苗上。

图3-13 烟苗五叶一心期

图3-14 简易机器剪叶

图 3-15　传统的钢丝弹叶剪叶器剪叶

图 3-16　剪叶后的苗床

6. 练苗

在移栽前 7～10 天，开始断水、断肥炼苗，炼苗程度以烟苗中午发生萎蔫，早晚能恢复为宜。通过炼苗，可以提高烟苗的抗逆性和移栽成活率。

（四）苗床卫生和病虫害防治

1. 育苗前池水、旧苗盘等的消毒

消毒能有效清除各种病菌，确保烟苗健康生长。

（1）育苗场地消毒。装盘、播种前应对育苗场地消毒，用40％的育宝200倍液或2％的二氧化氯150倍稀释液或30％的有效氯漂白粉20倍液对场地周围、拱架进行喷雾消毒1次。装盘、播种操作过程中，基质和育苗盘不能接触土壤等可能带毒、带菌的物质（图3-17）。

图3-17 育苗场地消毒

（2）池水消毒。使用清洁水源，每池水（40盘）加入20～25克漂白粉消毒。

（3）旧育苗盘、池膜消毒。要提前3～7天进行，必须先用清水洗掉基质及尘土等，集中于干净地方晾干后，选用30％的有效氯的漂白粉10～20倍稀释液或2％的二氧化氯100～150倍稀释液或40％的育宝150～200倍稀释液喷洒湿润，然后用塑料膜覆盖保湿2～6天，或者用30％的有效氯的漂白粉10～20倍稀释液或2％的二氧化氯100～150倍稀释液或40％的育宝150～200倍稀释液直接浸泡20分钟以上。消毒处理后用清水清洗，防止影响出苗率，晾干后方可装盘播种。

2. 覆盖尼龙网隔离防虫

棚的四周覆盖40目的白色尼龙网，以防通风时蚜虫进入棚内传播病毒病。育苗棚在需要揭网操作时，如装盘、定苗、剪叶、施药、施肥过程中要随时保持尼龙网的覆盖。经常检查尼龙网覆盖是否严实，若有破损应及时修补破损处。

3. 剪叶工具消毒

人工剪叶，每人准备两把剪刀，轮流剪叶和清洗，保证剪刀消毒时间在 5 分钟以上，后用清水洗去消毒液，每剪完一盘烟苗消毒一次；弹力剪叶器剪叶时，用消毒液浸湿的布来回擦弹力线和整个弹力架 3 遍以上，后再用清水洗去消毒液；消毒液清洗剪叶机刀片和接触烟苗部位时，应拆下并浸泡刀片 10 分钟以上，后用清水洗去消毒液，机器每剪 10 盘或 1 池苗后消毒一次(图 3-18)。

图 3-18　剪刀浸泡消毒

可选用的消毒液有 30％的有效氯漂白粉 10～20 倍稀释液、2％的二氧化氯 100～150 倍稀释液、40％的育宝 150～200 倍稀释液、24％的毒消 300 倍稀释液。

剪完叶后的剪刀或剪叶工具应进行消毒后再收藏，同时修剪下来的烟叶应及时清理出棚外，并把落在苗盘上的叶片捡拾干净，以避免叶片腐烂，而导致根腐病的发生。

4. 洗手池和足底消毒池的设立

烤烟漂浮育苗入口处设立洗手池和足底消毒池。所有进入漂浮育苗区的人员，必须先用肥皂洗手，清水冲洗干净。足底消毒池中放入棕垫，在其中加入用 40％的育宝 150 倍液或 2％的二氧化氯 150 倍稀释液或 30％的有效氯漂白粉 20 倍或 15％的菌毒净 200 倍液，所有进入漂浮育苗区的人员，足底必须在消毒液中浸泡 1 分钟以上，方可进入漂浮育苗区(图 3-19)。

图 3-19　苗床地建立消毒设施

5. 漂浮育苗卫生管理制度

漂浮育苗工作人员在进行装盘和播种前必须穿上干净的衣、裤和鞋，用肥皂水洗净手后进行装盘和播种。在育苗过程中，严禁非工作人员擅自进入育苗场地。场地内严禁所有工作人员随身携带卷烟和烟丝，严禁吸烟和吃番茄、黄瓜等蔬菜瓜果。

6. 加强日常管理

注意通风，以降低空气湿度，保持叶面干燥，减少病菌的传播。严格苗床管理，适当施肥，减少不必要的剪叶操作，将剪叶次数控制在 3～4 次；严禁在棚群之间进行补苗和苗盘混杂。

7. 药剂防治

药剂防治主要涉及对病毒病、烟草炭疽病、猝倒病等病害及藻类和蚜虫的防治。

(1)病毒病。剪叶前和移栽前可选用的抗病毒剂如 20％的病毒特 600 倍液、3.95％的病毒必克Ⅱ号 500 倍液、8％的菌克毒克 200～250 倍液、0.5％的抗毒丰 400～500 倍液等抗病毒剂进行病毒病预防。

(2)烟草炭疽病、猝倒病等病害。通常可通过通风排湿，降低棚内湿度进行防治，必要时喷施 1∶1∶(160～200)倍液波尔多液或 50％的代森锰锌 600～800 倍液或 50％的退菌特 500 倍液。

（3）藻类。注意通风排湿，必要时喷灌 1∶1∶（160～200）倍的波尔多液或绿得保 200 倍液或 25％的甲霜灵 500 倍液加以控制。

（4）蚜虫。对苗床 300 米以内的桃树、梨树、油菜、杂草等，喷施 2.5％的敌杀死 2000～3000 倍液、功夫 2000～3000 倍液等药剂防治，特别注意通风排湿前的防治。

第四章　备足农家肥与预整地

第一节　备 农 家 肥

农家肥作为有机肥的一种，其种类繁多而且来源广、数量大，便于就地取材，就地使用，成本也比较低。有机肥料的特点是所含营养物质比较全面，它不仅含有氮、磷、钾，而且还含有钙、镁、硫、铁以及一些微量元素。这些营养元素多呈有机物状态，难以被作物直接吸收利用，必须经过土壤中的化学物理作用和微生物的发酵、分解，使养分逐渐释放，因而肥效长而稳定。另外，施用有机肥料有利于促进土壤团粒结构的形成，使土壤中空气和水的比值协调，使土壤疏松，增加保水、保温、透气和保肥的能力。

用芝麻、菜籽、大豆、花生等油枯类和腐殖酸类肥料改良土壤环境，可促进烟株的根系发育，增进烟叶的油润和弹性。油枯类肥料中的残油和蛋白质含量高约50%，腐熟后转化为氨基酸或有机酸，可促进大田初期和后期烟株对矿质营养的吸收。烟农应按每亩不少于500公斤（1公斤=1000克）的标准，在烟苗移栽前备足农家肥。注意农家肥堆捂不能少于60天(图4-1～图4-4)。堆捂秸秆类有机肥时注意需要添加促腐剂。

图4-1　储备农家肥

图 4-2 堆捂农家肥

图 4-3 堆捂秸秆类有机肥

图 4-4 农家肥还田

第二节　预　整　地

一、预整地

预整地是利用冬闲时节，在栽烟种植前通过收获前茬作物进行绿肥翻压、土壤翻耕、晒垡碎垡、松土除茬、开沟理厢等一系列农事活动的总称。

二、预整地要点

(1)预整地以栽烟前一个月前完成为宜，以此倒推各项农事的安排。首先，要选种一个生育期较短的前茬作物品种，以保证预整地时间充分。其次，前茬收割后要及时翻耕晒土、耙细土块、平整土地。清除上季滞留烟秆、烟根等残留物。第三，按移栽规格要求，拉线起垄；起垄方向，平地便于排水，顺风方向起垄；坡地利于保墒，按等高线起垄。第四，垄体做到沟直、土细，排水通畅，垄体均匀、饱满，宽度、深浅一致，捡净垄体上麦桩等异物。深耕 30 厘米为宜，整好的地要做到田平、土细、均匀一致(图 4-5～图 4-7)。

图 4-5　微耕机起垄

图 4-6　起垄机起垄

图 4-7　垄体饱满的厢面

(2)开挖排水沟。起垄前必须先在烟地四周开挖边沟，较大的田块还要开挖腰沟，沟深 40 厘米以上，有利于排水和降低地下水位。坡地烟要开挖好防洪沟，稻田和地势低洼的地块，要特别重视深挖排水沟，边沟要比腰沟深 10 厘米以上，确保雨季顺畅排水，防止涝灾(图 4-8 和图 4-9)。

图 4-8　深挖排水沟、边沟

图 4-9　不按规定起垄及揭膜培土造成烤烟遭水渍而萎蔫

(3)起垄规格。起垄：按统一方向、统一高度、统一规格的要求，按行距 110 厘米、株距 50 厘米起垄，或者按照行距 120 厘米、株距 45 厘米起垄，亩栽烟数为1200株，起垄高20厘米以上，培土上厢后达到30厘米以上；做到厢体饱满，呈“梯形”；同时开好排水沟，边沟深于腰沟，腰沟深于厢沟，沟面平直，沟沟相通(图4-10和图4-11)。

图4-10　起垄后的烟田

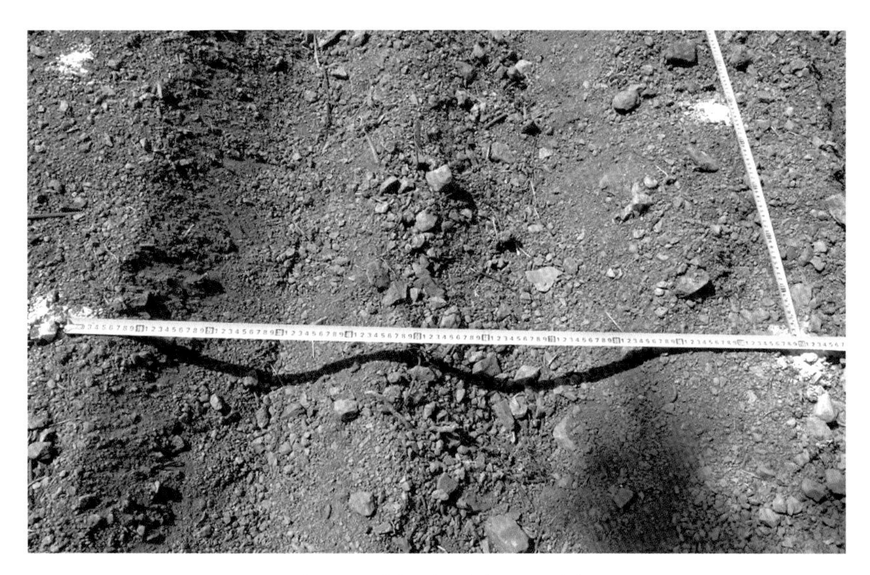

图4-11　保证行距为120厘米

第五章　平衡施肥

栽培中棵烟的关键技术是对肥料用量的准确把握和适宜施用。研究发现，在攀西地区1200株/亩的群体条件下，中等肥力的土壤栽培云烟85，氮素水平超过7公斤/亩，烟株个体发育过剩，贪青晚熟，烤后烟叶质量差，收益下降；氮素水平低于3公斤/亩时，烟株表现为叶片偏薄，生育期缩短，脱肥早熟，产量下降，收益降低。因此，对肥料用量的把控是栽培中棵烤烟成功与否的关键因素。

第一节　施肥原则

(1)结合气候条件、土壤肥力状况和种植品种，按照“四个相结合”原则(有机肥与无机肥，基肥与追肥，硝态氮与氨态氮，大量元素与中微量元素相结合)，确定肥料种类、施肥量、施肥时间、施肥方法。推行氮素前移、钾素后移的施肥技术。山地烟以“适氮、稳磷、增钾、补锌钼”为主；田烟以“控氮、稳磷、增钾、补锌硼”为主。

(2)禁止施用尿素。

(3)普及使用农家肥，每亩施用腐熟有机肥500～1000公斤。

(4)烟要增施钾肥，常规品种配套施用硫酸钾10～15公斤/亩。

(5)磷肥的施用。磷肥极易被土壤固定而难于被利用，烤烟当季利用率仅为5%～10%。要采取磷肥与农家肥堆捂一个月以上再施用。对缺磷土壤，要根据土壤化验结果增施磷肥。碱性土壤用过磷酸钙，酸性土壤用钙镁磷肥。

(6)底肥施用肥料总量的60%，剩余肥料看烟施肥(磷肥应全部作基肥施用；看烟施肥是根据烟株长势对相对总施肥量进行调整，一般不超过总施肥量的10%)。

第二节　施　肥　量

除施用腐熟的农家肥外，在攀枝花地区1200株/亩的密度下，建议底肥施用当地烟草公司专供的烤烟专用基肥40公斤/亩，追肥8公斤/亩，以及培肥

30公斤/亩，总纯氮量控制在7公斤/亩左右。总体上，田烟要以“控氮、稳磷、增钾”为主；坡地烟以“稳氮或适当增氮、增磷、增钾”为主。根据不同的植烟土壤、种植品种、气候等因素，按照测土配方、平衡施肥、结合前作、经验等因素增加或减少施肥量，且不可一刀切(表5-1)。

施用了有机肥的，总的施氮量要减少5%～10%。

前作(黑麦草等)还田的，总的施氮量要减少5%～10%。

表5-1　攀枝花烟区纯氮施用量推荐表

	高肥力	较高肥力	中等肥力	低肥力
土壤碱解氮含量/(毫克/千克)	>180	120～180	60～120	<60
红大	1～3	3～4	4～5	5～6
云烟85	2～4	4～5	5～7	7～8

第三节　肥料用量不当或土壤营养不均衡在田间的表现

肥料用量不当或土壤营养不均衡在田间的表现如图5-1～图5-8所示。

图5-1　施肥较少的烟叶田间长势，叶片薄，产量低、质量差

图 5-2　施肥过量，烟株个体发育过度

图 5-3　施肥过量的烟株田间后期表现

图 5-4 土壤营养不协调导致烟叶的不同表现

图 5-5 施肥适量、营养均衡的中棵烟田间长势

图 5-6 长势正常的烟株表现

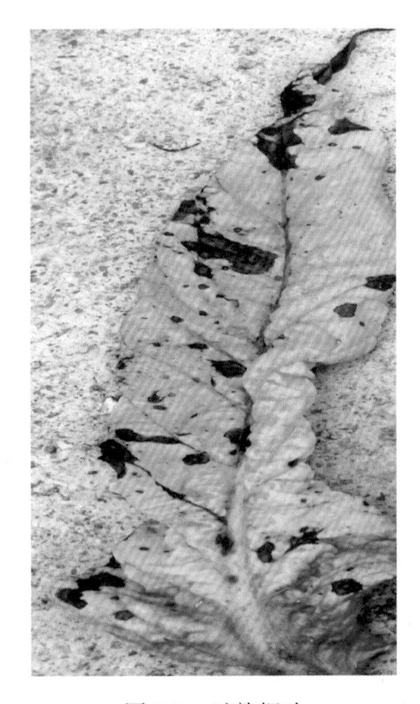

图 5-7 过熟烟叶

图 5-8 不正常成熟的烟叶

第六章　移　　栽

第一节　移栽期的确定

由于各地区的海拔、地形差异较大，小气候类型多样化，因此移栽时间一般选择气温稳定高过 18℃，地温达到 9℃以上，就可以开始移栽。攀枝花植烟区的移栽时间在 4 月 20 日～5 月 15 日。对于有水源保证的地区，适时早栽可有效提高烟株长势，降低病虫害，提高烟叶成熟度；对于无水源保证的地区，要适时晚栽，推后移栽期，在雨水来临的前 20 天左右移栽为宜。

第二节　移 栽 方 法

移栽方法采用大窝足水深栽法。

(1)拉绳定点打窝，窝径为 25～30 厘米，窝深 18～20 厘米(图 6-1～图 6-4)。

图 6-1　用石灰或石膏粉按照株距要求打点，株距 45 厘米

图 6-2　保证行距为 120 厘米，株距为 45 厘米

图 6-3　按株行距要求做到的烟田(1)

图 6-4　按株行距要求做到的烟田(2)

(2)施底肥。将有机肥(腐熟后的油枯、腐熟后的农家肥、商品有机肥)与复合肥施入窝中，与土混合均匀。有条件的地区在烟窝打好后，可以铺设节水灌溉设施(图 6-5～图 6-7)。

图 6-5　窝施有机肥等底肥

图 6-6　条施有机肥

图 6-7　铺设节水灌溉设施

(3)浇足底水。按每窝不少于 5 公斤的标准，浇足浇透底水，浇水时将水管对准窝心，水量不能太大，不能将管口在窝周边旋转，以免将土冲下填平窝底，减少窝的持水量，并待水分充分下渗后(一般情况下 30 分钟，黏性大的土壤浇水 1 小时后)再栽烟(图 6-8)。

图 6-8　浇足底水

(4)栽烟。栽烟方式有两种，先栽烟后覆膜，或者先覆膜后栽烟，烟农可根据自己的习惯选择。

①先栽烟后覆膜。首先将烟苗植入窝中，尽量深栽，只露心叶，用土固定，

烟窝呈“茶盘状”；然后用量杯将底肥(复合肥)等环施于烟苗周围(距烟株 8～10 厘米)，浇定根水(2.0 公斤/株)；再盖土，将肥料盖严为止。

其次用“大田净”、“广灭灵”等除草剂，喷施于烟苗周围表土，严禁将药水打到烟苗上。

最后，修整垄体使其表面无大颗粒后覆膜(图 6-9～图 6-14)。

图 6-9　烟苗在配好的防治黑胫病、花叶病的药水中浸泡后移栽

图 6-10　用药水浸根处理后再移栽

图 6-11　烟苗栽好后浇定根水

图 6-12　浇完水覆土后喷施除草剂和杀虫剂

图 6-13　栽好后的烟苗整齐一致

图 6-14　覆膜后，将烟苗从膜中掏出来并在周围盖上细土

②先覆膜后栽烟。在烟窝内施好底肥后，浇足水，并打杀虫药，然后快速覆膜，覆好膜后栽烟苗，烟苗栽好后再浇一道水，并在烟茎周围盖细土，以防高温时地膜烫伤烟茎(图 6-15～图 6-19)。

图 6-15 施好底肥后浇足水，膜覆盖好后栽烟

图 6-16 覆膜后栽烟

图 6-17　栽好后的烟苗

图 6-18　坡地建议用等高线栽烟

图 6-19　烟株株距保证为 45 厘米，烟田群体密度为 1200 株

移栽注意事项：移栽时要选择大小一致的烟苗，尽可能做到当天取苗当天栽完，从而保证大田烟株生长的一致性。

土壤湿度过大或雨天、雨后都不宜栽烟，尤其是在质地较黏重的土壤上，否则会引起土壤板结，阻碍烟株根系发育和对水分、养分的吸收，影响烟苗成活和前期早发。

除阴天和细雨天可进行全日栽烟外，在气温较高的晴天，一般以早晨和傍晚栽烟为宜，尤以傍晚栽烟最好。若晴天中午栽烟，因日光强烈，烟苗水分蒸腾失量大，移栽的烟苗往往因失水过多造成严重萎蔫，影响还苗时间，且成活率低。

干旱天栽烟时，为了减少水分蒸腾量，可将大叶除去一部分，或摘去无用的底脚叶。

无论采用穴施还是条施，肥料都应与土壤充分混匀，并保持与根系有 8～13 厘米的间隔，防止将烟苗直接栽在肥料上而造成烧苗。

烤烟移栽时忌栽高茎苗，如果出现了高茎苗移栽，则在保证烟心不被盖土的前提下，要将烟苗茎秆的大部分栽入土壤中，及时培土覆盖，防止暴露烟茎老化（图 6-20）。

图 6-20　高茎苗移栽后长势

③假植苗带土移栽。有些地区由于受地形、水分等因素的限制，不能按期移栽，烟苗一直等到雨水来时才移栽，移栽时间紧张，任务量大，且烟苗在漂浮育苗盘中生长的时间长久，营养缺乏，易感染病毒病、根黑腐病等，此时移栽后，烟株缓苗慢，田间病害重，后期衰老快。为了改变这个现状，推荐这一类植烟区可以用营养钵培育假植苗带土移栽。通过试验研究表明，缺水地区用假植苗带土移栽后，烟苗壮实，根系发达，缓苗快，病害少，亩产量和产值分别提高 37.1 公斤和 755.15 元，增产增值效果明显(图 6-21～图 6-23)。

图 6-21　烟苗移栽至营养钵中，水肥集中管理，烟苗生长健壮

图 6-22 雨水来临时带土移栽，烟苗质量好

图 6-23 假植苗移栽后旺长期的田间表现

第七章　大 田 管 理

烟田管理的目标是“十无一度”：无杂草、无积水、无烟花、无烟杈、无病株、无弱株、无缺株、无缺肥、无脱肥、无板结，提高烤烟群体整齐度。

(1)查苗补缺。移栽后 3~4 天及时查苗补缺，确保大田烟株整齐一致(图 7-1)。

图 7-1　移栽后及时查苗补缺

(2)追肥。移栽后 7～10 天开始追肥，将提苗肥按要求兑成溶液，进行淋施，500 克提苗肥（大概一小碗）兑 10～15 公斤水(图 7-2)。

图 7-2　淋施提苗肥

(3)揭膜。地膜前期(栽后一个月左右)能起到保墒保苗的作用，雨季开始时仍不揭膜会致土壤通透性变差，阻碍雨水进入垄体，造成水分亏缺。适时揭膜能有效改善烟垄墒情，增加氧气交换量，提高好气性细菌活性，促进土壤有机肥分解吸收；提高根系活力，促进烟株生长发育(图 7-3、图 7-4)。

图 7-3　天气温度过高早揭膜培土，预防黑胫病的暴发

图 7-4　气温适宜时应适时揭膜培土

(4)培土施肥。一般情况下，当烤烟移栽 25～30 天后(严重干旱时可推迟 5～7 天)，要及时揭去地膜，中耕培土，分次追施肥料。

①移栽后约30天左右，揭膜上厢，进行深中耕，施用烟草专用追肥高培土上厢(图7-5、图7-6)。

②移栽后约40天，可再次进行田管。重点在于清理排水沟防止积水、适度浅中耕、打去2片底脚叶、清理田间杂物。

图7-5　用量杯施用上厢肥

图7-6　揭膜高培土

(5)适时打顶，合理留叶。根据烟叶品种、烟株长势、烟田(地)肥力、施肥量等因素，合理留叶，保证上部叶开片，确保烤烟株型不变(消除塔形，避免伞形，保持筒形)。

正常气候下生长的正常烟株，采取全田烟株有50％中心花开放后一次性打顶，有效叶数为18～22片/株；施氮过量的烟株可晚打顶，或留1个烟杈，以消耗过量的养分。对营养差、长势弱的烟株可采取现蕾打顶，留叶数为17～19片/株为宜。如果前期干旱，对营养差、长势弱的烟株可采取二次打顶，10～15天后根据田间烟株的长势情况决定打去的顶叶数，如果长势差，留叶数为14～16片/株，如果长势正常，留叶数为16～18片/株。

推行重打脚叶措施，对下部叶发育不好、有病斑的进行清除，改善田间通风透光条件，减少大田病虫害的滋生，提高烟叶等级结构和质量水平，要适当延迟打顶时间，提高烟叶成熟度。

打顶时，选择晴天露水干后进行，要先打健株后打病株(图7-7)。

图7-7　适时打顶，看烟打顶

打顶注意事项：针对烟田的具体情况，制订一个简单的打顶计划，包括打顶的时间、次数、留叶数或留叶长度，以及是否使用化学抑芽剂等。

选择晴天上午打顶，雨天一般不打顶，以利于伤口愈合。所留主茎要高于最上一片叶的叶节3厘米左右，否则可能影响顶叶的水分保持(图7-8)。田间有病株存在时，打顶需先打健株，后打病株，防止接触传染。打去的花蕾或花梗不可抛在田间，以免病虫害传播。特别不整齐的烟田需多次打顶时，一般只进行3次，最后一次把不整齐的烟顶也打去，以保证烟叶生长和成熟一致(图7-9、图7-10)。

图 7-8　顶叶和茎端保留 3 厘米

图 7-9　长势过旺的烟株要延迟打顶，以消耗过量的养分

图 7-10　烟株发育不良时进行二次打顶

(6)化学抑芽。打顶时，要摘除所有长于 3 厘米的腋芽，可使用化学抑芽剂，用“杯淋法”抑芽(图 7-11)。腋芽不控制，会消耗烟株养分使烟叶变薄，并会挤落烟叶(图 7-12)。

注意抑芽剂的浓度按照说明配制，浓度过大烟叶会有抑芽剂残留(图 7-13)。

图 7-11　及时用杯淋法涂抹抑芽剂，抑制腋芽的生长

图 7-12　未控制腋芽时烟叶表现

图 7-13　杈烟处理较好的烟株

(7)调控水肥，提高大田整齐度。烤烟旺长期是需水吸肥的高峰，要充分利用现有水利条件，立足于以水调肥，促进烟株早生快发，提高上部烟叶可用性和大田整齐度。按照烤烟生长吸肥最佳时期(栽后 55～60 天为肥料最佳吸收期)，推行灌水措施，促进肥料溶解和烟株吸收，达到提高烟株抗性、增产及适时成熟的目的。将烟苗按大小分类移栽，或在烟苗缓苗后，追施偏心肥，都是提高大田整齐度的途径(图 7-14～图 7-20)。

图 7-14　规划好烟田，烟苗按大小等分类移栽

图 7-15　在小团棵期可以对弱小苗追施“偏心肥”，提高烟田整齐度

图 7-16　团棵期烟株长势整齐一致

图 7-17　旺长期烟株整齐一致

图 7-18　打顶期烟株整齐一致

图 7-19　初熟期烟株整齐一致

图 7-20　成熟期烟株成熟一致

(8)田间卫生(图 7-21～图 7-27)。

①田间各项农事操作应遵循先健株后病株的原则，避免人为传播病原。

②在所有烟田(地)旁建立卫生坑，摘除的底脚叶、烟花、烟杈应及时集中清理出烟田，倒入卫生坑，避免其传播病害。

③应及时清除田间杂草，增强烟株的通风透光，防止底烘和病害流行。

④雨季来临要及时排除田间积水，降低田间湿度，减少病害发生。

⑤烟叶采烤完后要及时清除烟桩、烟杈、烟花、废弃地膜。对烟地残存的烟秆烟杈、残叶、烟花、废弃地膜集中收集(或销毁)，确保烟区土壤和环境卫生。

图 7-21 无积水无杂草

图 7-22 打掉的底脚叶及时处理

图 7-23 打顶的烟花、杈烟及时清理出田

图 7-24 烟花等集中处理

图 7-25 不适用的烟叶及时清理出田，集中处理

图 7-26 不适用的烟叶、烟杈、病株等集中处理

图 7-27　采收结束后及时清理烟秆出田

第八章　中棵烤烟的病虫害综合防治

烤烟栽培主要环节的病虫害防治技术如下所述。

1. 防治地下害虫

攀枝花烟区地下害虫主要是金针虫、地老虎和蛴螬这3类(图8-1～图8-3)。

(1)防治金针虫、蛴螬和地老虎：移栽覆膜后，每株烟用3.2%的甲维盐·高氯750倍液200ml灌根。或者浇完底水后，待烟窝内没有积水时，在烟窝内喷施3.2%的甲维盐·高氯750倍液，再进行正常移栽，在移栽完后，对覆盖的土、有机肥、烟苗及厢面按以上浓度再喷施一次，然后覆膜。或者每亩用10%的二嗪磷颗粒剂1000克拌10公斤毒土撒施在烟窝中。

(2)地老虎：用毒饵诱杀，用90%的敌百虫晶体0.5千克加水1～5千克，喷在25～30千克磨碎炒香的菜籽饼或豆饼上于傍晚撒到烟苗根际。在烟苗定植后覆膜前用2.5%的敌百虫粉剂喷粉(每亩用量为1.5公斤)在烟厢表面。

(3)小地老虎成虫和幼虫：用杀虫灯诱杀地下害虫的成虫。在田间安装频振式杀虫灯、黑光灯(每盏灯控制面积为2～4公顷)，或放置装有糖醋诱杀剂(诱剂配法：糖3份，醋4份，水2份，酒1份；并按总量加入0.2%的90%晶体敌百虫)的盆诱杀。

图8-1　金针虫幼虫

图 8-2　灌药后金针虫从地中钻出

图 8-3　地老虎幼虫

2. 病毒病的防治

蚜虫和病毒病是烤烟大田期的主要病虫害，蚜虫是多种病毒病的传播媒介，在持续干旱、气温偏高的条件下更易发生危害。因此，防治蚜虫是防控病毒病的关键。团棵期是蚜虫发生危害的主要时期，可用10％的吡虫灵800～1000倍液或者2.5％的高效氯氟氰菊酯1000倍液进行统一防治，可减轻烟草黄瓜花叶病，马铃薯X、Y病毒病等蚜传病毒病害的发生(图8-4～图8-7)。在病毒病发病初期，每5～7天用24％的混脂酸铜水浮剂800倍液或8％的宁南霉素600倍液喷施进行防治，也可用20％的盐酸吗啉胍600倍液进行喷施防治或6％的烯・烃・硫酸铜可湿性粉剂800倍液进行防治。

图 8-4　蚜虫危害

图 8-5　普通花叶病危害，叶片缩小

图 8-6　烟草蚀纹病病毒

图 8-7 马铃薯 Y 病毒

3. 气候斑点病防治

可选用增效波尔多液 300 倍液或 80％的代森锌可湿性粉剂 800～1000 倍液或 50％的甲基托布津可湿性粉剂 500 倍液等药剂每 5～7 天喷施一次进行防治（图 8-8）。

图 8-8 气候性斑点病

4. 黑胫病的防治

在移栽时，将烟苗在50%的氟吗·乙铝可湿性粉剂800倍液中浸根，可有效预防和减轻烟苗黑胫病的发生。在烤烟移栽后7~10天，用50%的氟吗·乙铝可湿性粉剂800倍液或722克/升霜霉威水剂600倍液灌根防治，每隔5~7天一次，连续使用3次，每株烟用药液量不低于200ml，土壤湿度大时可加大灌根的药液用量(图8-9、图8-10)。

图8-9　团棵期黑胫病危害

图8-10　旺长期黑胫病危害

5. 赤星病的防治

旺长期到成熟采收期是以赤星病为主的叶斑病的盛发期，也是这类病害防治的关键时期(图 8-11)。其主要防治方法是：用 40%的王铜·菌核可湿性粉剂 450 倍液或 40%的菌核净 400～500 倍液或多凯(3%多抗霉素可湿性粉剂)500 倍液喷雾，每 7～10 天一次，连续 2 或 3 次，注意药剂轮换交替使用，以防产生抗药性。第一次喷药重点是中下部叶片。

图 8-11　赤星病病斑

6. 烟草根黑腐病防治

发病初期可用 75%的甲基托布津可湿性粉剂 600 倍液或 50%的多菌灵可湿性粉剂 500～800 倍液或 50%福美双可湿性粉剂 500 倍液灌根(图 8-12)。

图 8-12　烤烟根黑腐病

7. 根结线虫病的防治

采用水旱轮作和增施腐熟有机肥可减轻病害的发生。可用0.5%的阿维菌素颗粒剂，按1公斤/亩施入烟窝中，或者用10%的噻唑膦颗粒剂按500克/亩在移栽时施入烟窝中(图8-13)。

图8-13　烤烟根结线虫病

8. 烟草野火病和烟草角斑病的防治

在发病初期用农用链霉素200单位或50%的dt杀菌剂400～500倍液或叶枯净300倍液或可杀得胶悬剂500～800倍液喷洒防治。

9. 非侵染性病害的防治

(1)缺钾症。俗称"烧尖"，钾素肥料用量过少或土壤缺钾的烟地发病较多。防治方法：旺长期发现叶尖、叶缘有褪色缺钾症时，应及时喷施磷酸二氢钾。按说明浓度进行叶面喷施。

(2)缺锌症。当烟株缺锌时，生长缓慢，枯株矮小，茎节距短缩，叶片扩展受阻，叶面皱褶。严重时，下部叶的叶脉间出现不规则枯斑，叶尖、叶缘出现褪色，上部叶色暗绿，肥厚而脆。一般酸性和石灰性土壤及含磷量高的土壤易出现缺锌(图8-14、图8-15)。防治方法：一是随基肥穴施硫酸锌(每亩用1.2～3千克)；二是发现缺锌时，每亩可用0.1%～0.5%的硫酸锌液30～50千克直接喷洒烟株。

图 8-14　缺锌烟株发育受阻

图 8-15　缺锌烟叶皱缩

(3)缺硼症。缺硼烟株矮小，瘦弱，生长迟缓或停止，生长点坏死，停止向上生长。顶部的幼叶呈淡绿色，茎部呈灰白色，继后幼叶茎部组织发生溃烂，若这些叶片继续生长，则卷曲畸形，叶片肥厚、粗糙，柔软性变差，上部叶片从尖端向茎部作半圆式的卷曲，并且变得硬脆，其主脉或支脉易折断，它们的维管束组织即变成深暗色。同时，主根及侧根的生长受抑制，甚至停止生长，使根系呈粗丛枝状，呈黄棕色，最后甚至枯萎(图 8-16)。用作硼肥的有硼砂、硼酸，一般用量基施为 7.5～8.5 公斤/公顷，喷施用的浓度为 0.1%～0.2%，连续 2 或 3 次。

图 8-16　缺硼烟株表现

(4)缺镁症。缺镁症状通常在烟株长得较高大，特别在旺长至打顶后，烟株生长速度较为迅速时才会表现出来，且在砂质土壤或大雨后较易发生。缺镁时，烟株的最下部叶片的尖端和边缘处以及叶脉间失去正常绿色，其色度可由淡绿色至近乎白色，随后向叶基部及中央扩展，但叶脉仍保持正常的绿色。即使在极端缺镁的情况下，当下部叶片已几乎变为白色时，叶片也很少干枯或形成坏死的斑点。此时宜选用硫酸镁，以叶面喷施为宜，浓度为 0.1%～0.2%，连续 2 或 3 次(图 8-17～图 8-19)。

图 8-17　黄板捕捉蚜虫等害虫

图 8-18　杀虫灯诱杀害虫

图 8-19　生产上常用的化学防控方法

第九章　中棵烤烟采收管理

第一节　中棵烤烟的成熟采收标准

烤烟依照调制后烟叶的成熟状态，将成熟度划分为完熟、成熟、尚熟、欠熟和假熟 5 个档次。据研究，成熟时烟叶的糖含量高，总氮、烟碱含量适宜，各种化学比值协调，烟叶香气量足，香气质好，杂气、刺激性明显减轻，总体香吃味质量最好，而成熟不够或者过熟的烟叶，其内在质量明显降低。因此，适时采摘成熟的烟叶对烤后烟叶的质量有很大的影响。

中棵烤烟的成熟采收标准如下所述。

下部烟叶：绿中带黄，正片烟叶呈现均匀的绿豆色时采收，下部叶适采期短，应适时采收，不宜过早或过晚，一般在烟株打顶前后采烤第一房烟(图 9-1)。

图 9-1　下部叶采收标准

中部烟叶：黄中带绿，叶耳泛黄、叶面黄色占 80%或占 2/3 时采收(图 9-2)。

上部烟叶：叶面以黄为主，支脉发白，间或有枯尖焦边，充分成熟时采收(图 9-3)。

图 9-2 中部烟叶采收标准

图 9-3 上部烟叶采收标准

第二节 烟叶采收的要求及方法

对于山地烟，由于田块间肥力、气候等存在差异，因此在采收前，应该进行烟叶成熟度调查，通过调查确定应该采收的田块，以及确定可采收的叶片数，以此判断装炕量。调查人员由有经验的人担任，调查时每个田块随机定 3 个点，为防止边际效应对调查结果的影响，定的调查点距离田埂 10 株烟以上。

调查方法：每个点连续调查 10 株烟，记录每株烟的可采收叶片数，将 30 株烟的可采收叶片数进行平均，平均值取整即是该田块的单株可采收叶片数。上部烟叶的成熟度调查取顶部 2 片，取样方法同前，90%的烟叶达到上部烟叶要求的成熟状态时一次性采收。

为了提高上部烟叶的工业可用性，提倡上部 5～7 片烟叶成熟一次性采烤。可以适当延长生育期，待中部烟叶采烤完后，停烤 15～20 天，待顶部烟叶达到适熟状态时一次性采烤。注意，若烤房容量不足，可先采收成熟较早的烟株，再采收成熟较慢的烟株。

采烤要求与操作技术如下。

(1)采收数量规划：根据烤房的大小和数量，合理规划采收的数量，必须确保烤房的装烟密度达到规定要求。每株烟采收 5～6 次，不采生，不漏熟，下部、中部烟叶每次采收 2～3 片，上部烟叶 5～7 片一次性采收(图 9-4～图 9-8)。

(2)同一烤房要求采收的烟叶品种一致，成熟度一致。

(3)采收、搬运、编杆、装炕时注意轻拿轻放，减少机械损伤。

图 9-4 下部叶绿中带黄，适时采收

图 9-5 下部叶过熟采收

图 9-6　上部成熟烟叶为 5～7 片时一次性采收

图 9-7　上部叶过青采收

图 9-8　上部叶过熟采收

第十章　中棵烤烟的科学调制技术

第一节　鲜烟叶的分类编杆、装炕

分类编杆：要求采收的烟叶按不同的成熟程度进行分类编杆、同杆同质，一般1.5米烟杆为50～60束、100～120片，绑烟时，每束2片，叶基对齐，叶背相对，以利排湿；若用烟夹烘烤，一夹鲜烟控制在8～12千克。含水量大、叶片大、中下部叶可编杆略少，上部烟叶可编杆稍多。生产上，采摘的标准非常不一致，同一批采摘的烟叶会有不同的成熟度，因此，分类编烟非常重要(图10-1和图10-2)。

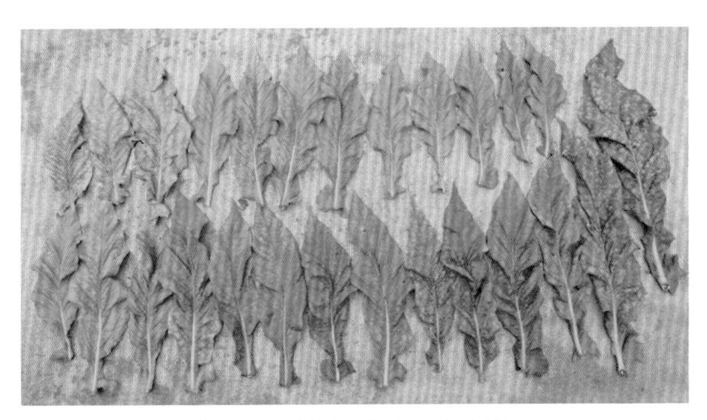

图10-1　采收标准不一致的烟叶

图10-2　从下部叶就开始烟叶分类，养成好的习惯

装炕：要求同品种、同部位、同成熟度的烟叶装在同一烤房内。在同一层内杆距应均匀，上下层之间杆距应一致，常规烤房杆距为 15～20 厘米，密集烤房杆距为 8～12 厘米。气流下降式烤房可采用上稀下密的装烟方式，气流上升式烤房可采用下稀上密的装烟方式；含水量大的烟叶适当稀编稀装，含水量小的烟叶适当密编密装；含水量较大的烟叶装在靠进风口的位置，含水量较少的烟叶装在靠回风口的位置；病残叶、过熟叶挂在高温层；成熟叶挂在 2 层，欠熟叶挂低温层；观察窗位置装具有代表性的烟叶(图 10-3)。

图 10-3 分类编烟，分类上炕

第二节 中温中湿工艺调制

汪耀富提出的“中温中湿烘烤工艺”采用中温中湿变黄，慢速升温定色，延时干叶增香，弱风干筋保香，根据鲜烟叶的素质特点灵活调整工艺参数，较好解决了烟叶烤黄、烤香难题。此工艺节能降本，特别是解决了如何让烟叶烤香的问题。

此工艺分为 4 个阶段。

(1)变黄期：将干球温度升到 37～38℃，调整进出风口大小使湿球温度稳定在 36～37℃，稳定温湿度直到观察棚(温度计所挂位置)烟叶叶片变黄 8～9 成(图 10-4)。该阶段湿球温度不低于 35℃，也不能超过 37℃。

图 10-4　烤房内烟叶 9 成黄，主脉未变黄

（2）凋萎期：将干球温度缓慢升到 40～42℃，不超过 43℃，湿球温度维持在 36～37℃，直到所有叶片黄片青筋，主脉充分发软，烟叶未达到黄片青筋，主脉未充分发软，干球温度不能超过 43℃（图 10-5）。

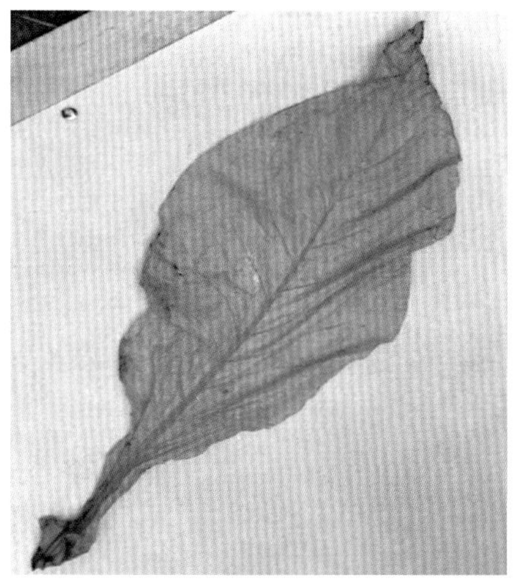

图 10-5　干球温度为 42℃、湿球温度为 36～37℃时叶片全黄凋萎塌架

(3)定色期：缓慢将干球温度升到54～55℃的同时，湿球温度保持在38～40℃，稳温稳湿至全房叶片干燥。注意湿球温度不能低于38℃，也不能超过40℃。湿球温度低于38℃，明显是通风量过大，并导致浪费燃料及酶活性降低，湿球温度超过40℃，将导致烟挂灰甚至蒸片。

(4)干筋期：将干球温度缓慢升至68～70℃，湿球温度应保持在41～42℃。若湿球温度低于40℃表明通风量过大，浪费燃料，若高于43℃，将有导致烟叶烤红、烤焦的危险(图10-6～图10-10)。

图10-6 烤房内叶片全黄凋萎状态

图10-7 烟叶黄片黄筋状态

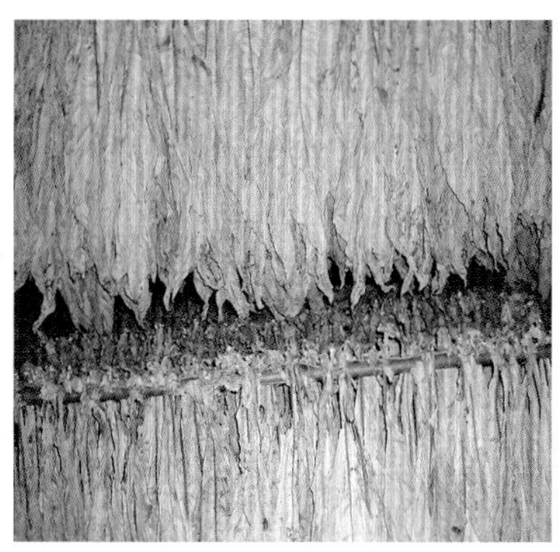

图 10-8　烤房内上、中、下不同位置烤后烟叶的表现

图 10-9　典型的攀枝花橘色烟叶

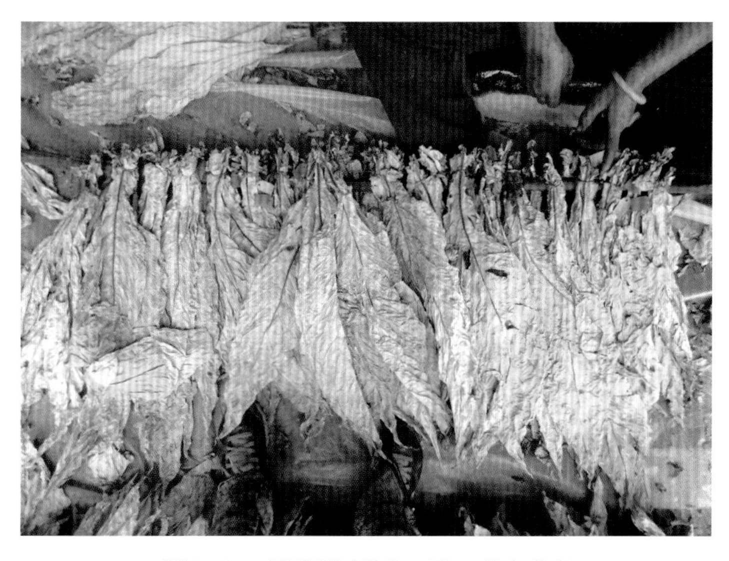

图 10-10　烤后烟叶均匀一致，整齐度高

第十一章　烟叶分级与储存保管

第一节　烟叶烤后处理

烟叶烤干后含水量很低，一般只有5%～8%，极易破碎，降低了烟叶的产量和质量，损失很大。所以，烟叶必须经过回潮处理，使烟叶稍微回软，后进行出炉、解杆、堆放等操作，从而确保烟叶质量和产量不受损失。

由于目的不同，回潮的标准也不同。卸烟回潮的烟叶要进行短期堆放，要求烟叶含水量达到14%～15%。如果适宜分级交售的烟叶，要求含水量为16%～18%。烟叶含水量过低，极容易破碎，不仅影响产量，而且影响烟叶等级质量；含水量过高，颜色变深，光泽变暗，出现“潮红”，很容易发霉，烟叶品质下降。

烟叶拿在手里，稍感干燥，适当回软后，即可出炉进行回潮。当烟叶继续回潮，手握不觉干燥，不发响声，且不易破碎时，叶脉基部已不易折断，叶片也发软而不易破碎，应进行清级扎把。这时的含水量为16%～18%，此时交售，符合国家收购的标准。如果暂时不交售，找合适地点堆放。为使堆放期间不发生霉变，回潮烟叶的含水量以15%较为适宜。这种烟叶手摸有干燥感，摇动稍有响声，叶脉基部容易折断，叶片较容易破碎。回潮过度的烟叶手摸时有湿润的感觉，主脉柔韧而不易折断，叶片潮湿而不易拉断，叶片立起后纷纷下弯，手握烟叶黏成一团，会有“出油”现象，并且叶片上有深色皱纹，不能恢复原状。这种烟叶不仅达不到国家收购标准，而且在堆放期间很容易发热、霉变。

烟叶回潮提倡自然回潮法。

烤房内回潮：烟叶烤干后，将炉膛内的火熄灭，将天窗、地洞、观察窗和烤房门全部打开，让冷空气进入烤房回潮，至叶片稍发软时下炕。

室内自然回潮：对烤房内回潮不够的烟叶，应将烟叶下杆或将整杆烟顺序散放于地面自然回潮，地面要铺垫草席等防潮物，以防回潮不均或回潮过度（图11-1）。

图 11-1　室内回潮要经常检查水分含量

第二节　烟叶分级扎把

1. 分级扎把时间

烟叶回潮后，就可进行分级扎把。要求烤完一炕、分级扎把一炕。因为刚下炕烟叶不仅部位单一，且叶片未明显弯曲或折叠，容易看清整体烟叶的质量情况，便于提高分级质量和分级速度(图 11-2)。

图 11-2　回潮好后及时分级扎把

2. 分级标准

按照 GB2635—92 规定进行分级。按照“先分部位、后分颜色、再分等级”的顺序进行分级。以烟叶可用性高低作为定级的标准，将烟叶质量一致的烟叶分在一个等级内，杜绝以烟叶的长短和大小作为烟叶分级的标准，高度重视把内纯度。把内纯度高，方便交售时定级和工业利用，反之，把内纯度差，难以定级，容易出现“高质低价”的现象，造成收益下降。

3. 扎把方法

(1)同部位、同颜色、同等级、同质量的烟叶扎把，扎把时烟柄整齐一致，扎把烟叶采用同质烟叶，只用一片就可，扎把烟叶离把头 2 指宽时缠绕扎紧即可，不得将把头顶端包住(图 11-3～图 11-9)。

(2)每把烟的叶片数：下部烟叶为 20～25 片，中部烟叶为 15～50 片，上部烟叶为 12～15 片。

(3)同把烟叶应同组同级，正组烟叶中不能出现混青、混杂、混色、混级等现象，不得掺杂弄假。

(4)适销等级烟叶：C1F、C2F、C3F、C1L、C2L、C3L、X1F、X2F。不适销等级烟叶：B3F、B4F、B3L、B4L、X3F、X4F、X3L、X4L、GY、BK、CXK。

图 11-3 分级扎把时质量要一致，僵硬烟叶和柔软的烟叶要分开

图 11-4 中部烟叶适熟后烤后原烟，叶片组织疏松，有油分，柔韧性好

图 11-5 左边有残伤的好烟叶和右边的杂色烟叶要分开，不能混淆

图 11-6　深橘色烟叶

图 11-7　僵硬、不柔软的是质量较差的烟叶

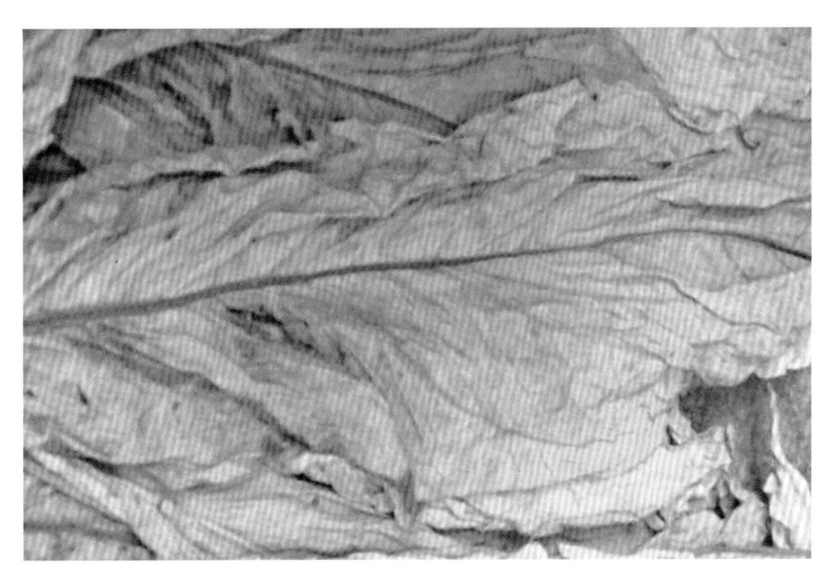

图 11-8　青筋烟叶是质量最差的烟叶

图 11-9　哪个是黄、亮、软的烟叶?

第三节 初烤烟叶储存与保管

1. 储存场地的选择

选择封闭性好、干燥的房屋储存烟叶，有条件的农户，宜将储存地点设在房屋楼上，地面和墙面用塑料膜封闭防潮，门窗用不透明膜或帘子遮盖，防止透光。储藏室内不得存放影响烟叶质量的其他有毒、有害、有异味的物品，如化肥、农药等。

2. 储存方法

(1)烟叶堆码。先在底部垫上厚的黑色农膜，潮湿的地方需要先设置竹夹或木架，分清炕次，分部位、分颜色、分等级将烟叶叶尖朝内，叶柄朝外，整齐堆放在一起。每堆烟长度为1.5～2米，宽度为1～1.5米，高度不超过2米。烟堆应离墙面0.3米，堆与堆之间留走道，方便操作。

(2)烟叶覆盖。堆码完毕，应用厚的黑色农膜、麻片或旧棉被单等严加覆盖，堆顶用重物压紧。

(3)检查与管护。应定期对烟堆进行检查，防止漏风、回潮、褪色、虫蛀等。

主要参考文献

陈逸鹏，林凯，江豪，等. 1997. 烤烟烟叶成熟度的外观特征研究Ⅰ·烟叶成熟度与叶龄的关系[J]. 福建农业科技，(5)：13－14.

樊芬，屠乃美，王可，等. 2013. 改善烤烟上部烟叶工业可用性研究进展[J]. 作物研究，27(1)：81－45.

宫长荣，王能如，汪耀富，等. 1994. 烟叶烘烤原理[M]. 北京：科学出版社.

韩锦峰，宫长荣. 1988. 烤烟成熟叶片结构与叶位关系的研究[J]. 河南农业大学学报，22(3)：277－279.

韩锦峰，宫长荣，王瑞新. 1991. 烤烟叶片成熟度的研究Ⅱ·烤烟成熟标准及不同成熟度烟叶烘烤性效应研究[J]. 中国烟草，(4)：15.

黄立栋，艾复清. 1997. 烤烟上部叶片采收方法的研究[J]. 耕作与栽培，(1)：91－92.

黄莺，黄宁，冯勇刚，等. 2008. 不同氮肥用量、密度和留叶数对贵烟 4 号烟叶经济性状的影响[J]. 安徽农业科学，36(2)：597－600.

李佛琳. 2007. 烤烟鲜烟叶成熟度的量化[J]. 烟草科技，(1)：54－59.

李荣春，李信. 1997. 中微肥对烟叶组织结构影响初报[J]. 云南农业大学学报，12(3)：178－182.

李跃武. 2002. 烤烟品种云烟 85 烟叶的成熟度Ⅰ：成熟度与叶片组织结构、叶色、化学成分的关系[J]. 福建农林大学学报，31(1)：16－21.

陆欣，谢英荷. 2015. 土壤肥料学[M]. 北京：中国农业大学出版社.

聂荣邦. 1991. 烤烟不同成熟度鲜烟叶组织结构研究[J]. 烟草科技，(3)：37－40.

聂荣邦，李海峰，胡子述. 1991. 烤烟不同成熟度鲜烟叶组织结构的研究[J]. 烟草科技，(3)：37－39.

王东胜，刘贯山，李章海，等. 2002. 烟草栽培学[M]. 合肥：中国科学技术大学出版社.

王怀珠，汪健，胡玉录，等. 2005. 茎叶夹角与烤烟成熟度的关系[J]. 烟草科技，(8)：32－34.

肖吉中，江锡瑜，周民兰，等. 1993. 烤烟鲜叶外观成熟特征的研究[J]. 中国烟草，(2)：15－18.

杨士福. 1990. 不同成熟度烟叶的烤后性状[J]. 云南烟草，(4)：27－29.

杨树勋. 2003. 准确判断烟叶采收成熟度初探[J]. 中国烟草科学，(4)：34－36.

查宏波，石磊，卯志勇，等. 2012. 株行距、施氮量及打顶留叶长度对云烟 97 农艺性状和化学成分的影响[J]. 烟草科技，(12)：39－43.

张崇范. 1983. 怎样栽成中棵烟[J]. 烟草科技，05.

张福锁. 2010. 测土配方施肥技术[M]. 北京：中国农业大学出版社.

张喜峰，张立新，高梅，等. 2012. 密度与氮肥互作对烤烟圆顶期农艺及经济性状的影响[J]. 中国烟草科学，33(5)：36－41.

朱尊权. 2010. 提高上部烟叶可用性是促“卷烟上水平”的重要措施[J]. 烟草科技，(6)：5－9.